Bibliografische Information der Deutschen Nationalbibliothek:

Die Deutsche Bibliothek verzeichnet diese Publikation in der Deutschen National-
bibliografie; detaillierte bibliografische Daten sind im Internet über http://dnb.d-
nb.de/ abrufbar.

Impressum:

Copyright © 2010 GRIN Verlag, Open Publishing GmbH
Druck und Bindung: Books on Demand GmbH, Norderstedt Germany
ISBN: 9783640629039

Corinna Standke

SCORPION: Ein biologisch inspirierter Laufroboter für schwer zugängliches Terrain

GRIN Verlag

SCORPION –

Ein biologisch inspirierter Laufroboter für schwer zugängliches Terrain

Seminararbeit

Kolloquium Technik

Institut für Physik und Technik

von

Corinna Standke

Studiengang: Internationale Fachkommunikation – Sprachen und Technik

Fachsemester: 3

Inhaltsverzeichnis

Abbildungsverzeichnis

1. Einleitung

Bereits Leonardo da Vinci beschäftigte sich mit dem Ansatz, die Natur zu beobachten und sie sich zum Vorbild für technische Geräte zu nehmen. Er sagte: „Die gütige Natur sorgt dafür, dass du in der ganzen Welt immer etwas zu lernen findest" (vgl. Pichler, 2009: 5). Auch auf den Skorpion, der bei den Menschen meist gefürchtet ist, wurden die Forscher aufmerksam. Mit seinen großen Scheren begibt er sich auf Beutejagd und nutzt den Giftstachel als letztes Mittel, sein Opfer zu bezwingen. Es ist jedoch weniger bekannt, dass der Skorpion über einen Bewegungsapparat verfügt, der für die Wissenschaft und besonders für die Raumfahrt von großem Interesse ist. Denn obwohl der Panzer des Skorpions hart und steif ist, kann er sich in extrem unwegsamem Terrain bewegen. Dabei kann dieses achtbeinige Spinnentier sogar Sandboden und Hügel, die mehrfach so hoch sind wie er selbst, große Felsen und Krater problemlos überwinden. Diese sichere Fortbewegung kann nicht nur für das Fortkommen auf der Erde nutzbar gemacht werden (vgl. SWR 2008).

Die Forscher des Deutschen Forschungszentrums für Künstliche Intelligenz (DFKI) befassten sich genauer mit diesem Thema. Sie untersuchten den Aufbau und das Bewegungsmuster des Skorpions und begannen im Jahr 1999 mit dem Projekt SCORPION. Ziel dieses Projektes war es, einen sehr robusten, achtbeinigen Roboter zu entwickeln, der für sehr steilen und unebenen Untergrund geeignet ist. Der SCORPION verwendet ein biomimetisches Steuerungskonzept, das sehr flexible Laufbewegungen über verschiedenste Geländetypen ermöglicht. Die Laufmuster orientieren sich an den Bewegungen echter Skorpione.

Zunächst werden die verschiedenen Entwicklungsstufen des SCORPIONs behandelt und es wird dargelegt, welche Einsatzgebiete für den SCORPION bestehen. Des Weiteren werden das Konzept biologisch inspirierter Roboter und biomimetische Steuerungsansätze vorgestellt, letztere insbesondere bezogen auf das Steuerungskonzept des SCORPIONs. Im weiteren Verlauf der Arbeit werden die einzelnen Funktionen des SCORPIONs, seine Schwächen und sein heutiger Einsatz aufgezeigt.

2. Entwicklung

Seit Beginn des Projektes im Jahr 1999 wurden eine Integration Study sowie vier Systeme mit iterativer Annäherung aufgebaut, um letztendlich die Robustheit des SCORPION IV zu erreichen.

2.1. Integration Study – 1999

Die Integration Study, die im Herbst 1999 begann, war das erste komplette System, das während des Projekts SCORPION gebaut wurde. Mit Hilfe dieses Systems wurde das Zusammenspiel der Elektronik und der ersten Software-Konzepte sowie einer ersten Version der Beine mit drei Freiheitsgraden getestet. Diese Beine bestanden aus jeweils einem thoraxialen Gelenk für die Pro- und Retraktion, einem basalen Gelenk zur Anhebung und Absenkung und einem distalen Gelenk zur Streckung des Beines (s. Abb. 1).

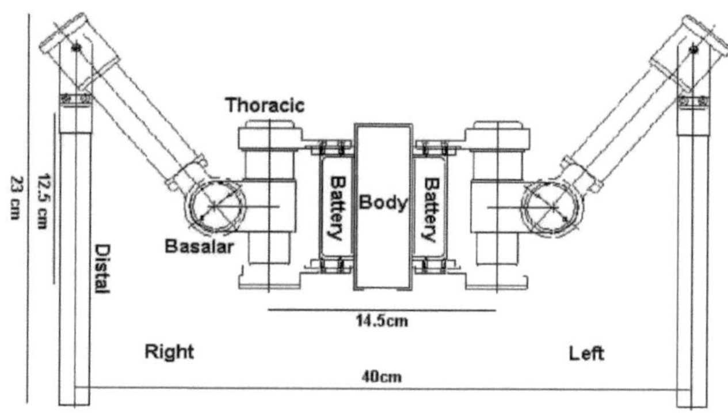

Abbildung 1. Beinaufbau des SCORPIONs. Diese Vorderansicht zeigt die rechten und linken Beine sowie den Körper in der Mitte. Jedes Bein besitzt drei Gelenke: 1) thoraxiales Gelenk, 2) basales Gelenk, 3) distales Gelenk (Klaassen et al., 2001)

Die Entscheidung für lediglich drei Freiheitsgrade beruht auf Ergebnissen aus Studien mit echten Skorpionen, in denen beschrieben wird, dass meist nur drei Gelenke für die Fortbewegung auf dem Boden genutzt werden. Die bei den Tieren vorhandenen zusätzlichen Gelenke werden hauptsächlich für andere Funktionen, wie z. B. für die Nahrungsaufnahme oder den Beutefang, verwendet.

Die Beine bestanden in der Integration Study aus leichten Verbundwerkstoffen und kleinen 10mm-Motoren mit Kunststoffgetrieben. Die Steuerungs-Hardware bestand aus maßgefertigten Mikrosteuergeräten.

Während der Integration Study wurden bereits erste Laufversuche durchgeführt. In dieser Phase des Projekts wurden auch Versuche mit neun Mikrosteuergeräten (ein Gerät für jeweils ein Bein, ein Gerät für die Zentralsteuerung) durchgeführt, die über einen CAN-Bus verbunden waren (vgl. Spenneberg, Kirchner, 2007: 198).

2.2. SCORPION I – 2000

In der Zwischenzeit wurde ein neuer Bein- und Körperaufbau entwickelt, wodurch ein erster Prototyp, der SCORPION I, gebaut werden konnte. Dieser wog 9,5 kg und verwendete 18mm-Motoren mit jeweils 2 Nm maximalem Drehmoment. Um einen Outdoor-Einsatz zu ermöglichen, wurden die Beine mit speziellen Dichtringen geschützt. So konnte der SCORPION I auch unter Wasser genutzt werden. Als Mantelmaterial für die Beine verwendete man nun Aluminium.

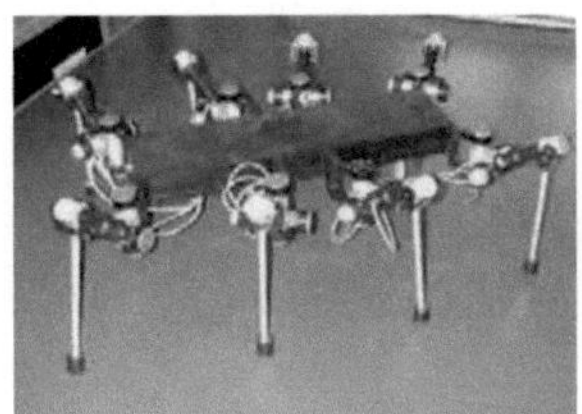

Abbildung 2. SCORPION I (Spenneberg, Kirchner, 2007)

Die neuen Motor-Getriebe-Kombinationen erzeugten genug Kraft, um den Körper zu tragen, allerdings war das Kegelradgetriebe im distalen Segment bereits nach etwa 12 Betriebsstunden abgenutzt, da die Produktionsgenauigkeit der Kegelradgetriebe zu gering war. Um dieses Problem auf einfache Art und Weise zu lösen, wurde das distale Segment in eine senkrechte Position zum Boden gebracht, sodass der gesamte Körper eine M-Form bildete. Lediglich die oberen beiden Gelenke wurden für weitere Versuche genutzt. So konnte der Roboter bis zu 10 cm/s laufen und Steigungen von bis zu 10° überwinden. Auch Hindernisse mit einer Höhe von bis zu 5 cm konnten überwunden werden.

Aus den Versuchen ergab sich weiterhin, dass die basalen Gelenke meistens bis an ihre Grenzen belastet wurden. Zudem standen aufgrund der Form des Körpers die gegenüberliegenden Beine zu weit auseinander. Dadurch entstand ein Hebelarm, der große Kräfte auf die basalen Gelenke ausübte, nur um den Körper über dem Boden zu halten. Um dies zu ändern, musste das nächste System schmaler ausgeführt werden (vgl. Spenneberg, Kirchner, 2007: 199 f).

2.3. SCORPION II – 2000

Die während der Erprobung des SCORPION I beobachteten Probleme konnten mit dem SCORPION II im Winter 2000 gelöst werden.

Eine besondere Herausforderung beim Aufbau der Bein-Module war es, einen Outdoor-fähigen Laufroboter mit geschützten Aktoren zu entwickeln und gleichzeitig ein gutes Verhältnis zwischen dem Gewicht der Beine und der Hebeleistung zu erzielen. Mit dem SCORPION II konnte ein Verhältnis von 1:8 erzielt werden. Dies wurde durch Planetengetriebe mit hohem Übersetzungsverhältnis und einem neuen, leistungsstarken Gleichstrommotor mit 3,5 Nm maximalem Drehmoment sichergestellt. Das erhöhte Verhältnis war erforderlich, da der Roboter nun Hindernisse überwinden sollte, die seine eigene Körpergröße übertrafen. Außerdem sollte die Beingeschwindigkeit erhöht werden, damit der Roboter schnell genug auf Störungen aus der Umgebung reagieren kann. Jedoch brachte eine Erhöhung des Übersetzungsverhältnisses, das die gewünschten Drehmomente ermöglichte, eine Verringerung der Reaktionsgeschwindigkeit des Moduls mit sich. Letztendlich konnten jedoch sowohl das Drehmoment als auch die Geschwindigkeit der Aktoren erhöht werden, indem ein neuer 22mm-Motor eingesetzt wurde.

Abbildung 3. SCORPION II (Spenneberg, Kirchner, 2007)

Eine weitere Optimierung zur Erhöhung der Robustheit bestand darin, das Kabelbündel hauptsächlich im Inneren der Beine entlang zu führen anstatt außen. Dadurch wurde das Risiko gesenkt, dass sich der Roboter mit den Beinen verfangen kann. Des Weiteren wurde ein schmaler Aluminium-Körper entwickelt, der für maximale Stabilität und eine einfache Wartung sorgen sollte. Dank der NiCD-Batterien mit 28,8 V und 1,8 Ah konnte der SCORPION II nun 30 Minuten bei voller Geschwindigkeit von 20 cm/s arbeiten. Er konnte Steigungen von 15° und Hindernisse bis 20 cm überwinden.

Das System wurde im vorderen Teil mit einem Ultraschallsensor und einem Kamerasystem ausgestattet. Auch in einem optionalen Stachel am hinteren Teil des Roboters wurde ein Kamerasystem eingebaut. Um den Roboter zu steuern, wurde er mit einer bidirektionalen DECT-Funkverbindung versehen. Neben der Steuerung der Grundbewegungen mit zentralen Mustergeneratoren und der Steuerung von Haltung und Reflexen enthielt die Software dieses Systems erste komplexere Verhaltensmuster, wie z. B. autonome

Hindernisvermeidung und ein auf integrierten Inklinometern basierendes Gleichgewichts-verhalten. Inklinometer sind Neigungsmesser, mit denen Abweichungen von der Horizontalen oder Vertikalen festgestellt werden können.

Für Vergleichsversuche wurde ebenfalls ein auf dem achtbeinigen Aufbau basierender kürzerer sechsbeiniger Roboter gebaut. Aufgrund seiner geringeren Größe und dem damit reduzierten Gewicht war dieser Roboter in der Ebene schneller, aber verglichen mit dem achtbeinigen Roboter wegen sinkender statischer Stabilität auf steilem Untergrund langsamer.

Mit dem SCORPION II konnten erstmals realistische Outdoor-Versuche durchgeführt werden. Die daraus resultierenden Erkenntnisse flossen in die nächsten Entwicklungsschritte ein. SCORPION II war bereits ein robustes System, aber einige der Outdoor-Versuche ergaben, dass der starre Körper Einschränkungen bezüglich der Bewegungsflexibilität aufwies, beispielsweise beim Erklimmen von steilen Treppen. Außerdem fehlten dem System gute Sensoren für die Erkennung des Bodenkontaktes, was zu einer suboptimalen Beinbewegung auf unebenem Grund führte. In dieser Entwicklungsstufe konnte nur das zeitliche Verhalten des Stromes im basalen Gelenk beobachtet werden, um zu beurteilen, ob der Boden berührt wird. Des Weiteren besaß der SCORPION II noch keine Federung, wodurch äußere Kräfte auf ihn einwirken konnten, die teilweise höher waren als die für die Getriebe angegebenen Höchstkräfte. Hierdurch wurde die Lebenszeit der Beine reduziert.

2.4. SCORPION III – 2001

Um die bei der Erprobung des SCORPION II festgestellten Probleme zu beheben, wurde der SCORPION III entwickelt, der im Herbst 2001 fertig gestellt wurde.

Dieser neue Roboter hatte erstmals keinen starren Körper mehr, sondern bestand aus drei Körpersegmenten, die durch Gummipuffer verbunden waren (s. Abb. 4). Durch diesen Aufbau konnte sich das System automatisch an die Umgebung anpassen. Dadurch konnte das System in Hinsicht auf die Stoßdämpfung und die Bodenanpassbarkeit optimiert werden. Jedoch war es von Nachteil für die Steuerung, da nun die Körperverformung berücksichtigt werden musste und zu diesem Zweck Sensoren hätten angebracht werden müssen.

Abbildung 4. Der flexible SCORPION III (Spenneberg, Kirchner, 2007)

Eine weitere Veränderung war die Verbesserung des Kegelradgetriebes, um das distale Segment betätigen zu können. Beim SCORPION III wurden drei identische Motorschläuche für jedes Gelenk verwendet, wodurch die Produktions- und Wartungskosten verringert wurden.

Des Weiteren wurde in das distale Segment eines jeden Beines eine Federung eingebaut. Es war nun als federgedämpfte Kammer mit integriertem Potentiometer aufgebaut. Dank dieser Entwicklung konnten die einzelnen Beine gemessen, belastet und verbunden werden, während der Federmechanismus als Dämpfung wirkte, um in Kombination mit dem flexiblen Körper die Einwirkung von hohen Kräften auf die Beine zu verringern.

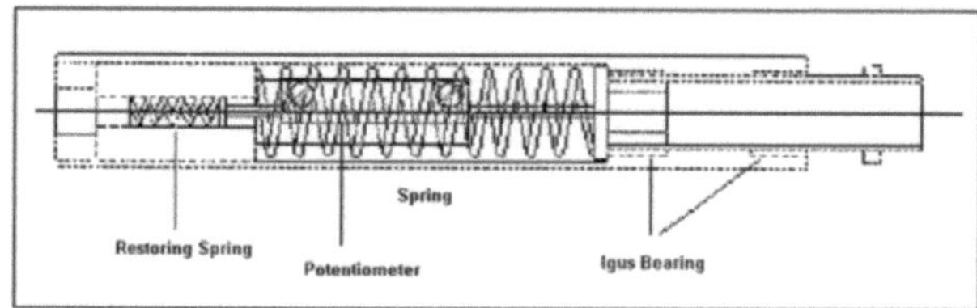

Abbildung 5. Neue Federung im distalen Segment (Spenneberg, Kirchner, 2007)

Während des SCORPION-Projektes konnte dieser Aufbau jedoch nicht verbessert und erprobt werden, da die neue längere und leichtere Steuerplatine, die für die rechnerischen Anforderungen optimiert wurde und das Netz von fünf Platinen mit neun Mikrosteuergeräten ersetzte, bereits im Frühjahr 2002 verfügbar war. Mit ihrer Länge von ca. 40 cm war sie nicht für den SCORPION III geeignet. Aus diesem Grund wurde am SCORPION III nicht weiter gearbeitet (vgl. Spenneberg, Kirchner, 2007: 201 f).

2.5. SCORPION IV – 2002

Die meisten der Verbesserungen, die bereits beim SCORPION III vorgenommen worden sind, wurden auch beim SCORPION IV übernommen. Der Körperaufbau des SCORPION IV wurde leicht verändert und mit NiMh-Batterien (3,0 Ah, 28,8 V) und der neuen Steuerplatine Motorola MPC555 ausgestattet. Die sechsschichtige Platine vereint alle Merkmale der früheren Steuerplatinen und bietet weitere Optionen. Im Vergleich zur vorherigen Platine können mit der neuen 1,5 kg Gewicht und 60% Volumen eingespart werden. Die Besonderheit dieser Platine besteht darin, dass sie ein wiederprogrammierbares FPGA (Field Programmable Gate Array), ein XILINX Virtex E FPGA, verwendet, mit dem alle Signale der 24 Gelenke, d.h. von allen Bein-Sensoren, eingelesen werden können: die Position jedes Gelenkes, den derzeitigen aufgenommenen Strom in jedem Motor, die Neigung in zwei Achsen (X, Y) und die Belastung an jeder Fußspitze. Diese Werte werden in einem im FPGA programmierten PID-Regler (Steuerfrequenz 20 KHz) dazu genutzt, PDM-Signale (pulsdauermodulierte Signale) für die Steuerung der 24 Motoren zu erzeugen (s. S. 14).

Dank der neuen Steuerplatine konnten sowohl die Länge als auch die Breite des SCORPION IV verringert werden. Er hat nun eine Länge von 60 cm und je nach Beinstellung eine Breite zwischen 20 und 60 cm. In der typischen M-Form beim Laufen ist der SCORPION 40 cm breit und 30 cm hoch. Um die Stabilität des Systems zu erhöhen und gleichzeitig das Gewicht zu verringern, erhielt der Körper des Roboters eine Rippen-Struktur. Dadurch konnte auch Wärme besser abgegeben werden. Der SCORPION wiegt nun 10,5 kg einschließlich der Batterien.

Der Aufbau des SCORPION IV hat sich im Prinzip bis heute nicht geändert. Es wurden lediglich kleine Veränderungen vorgenommen, um die Leistung zu erhöhen. Diese beinhalteten beispielsweise den Einbau eines Zwei-Feder-Systems in die Beine, um die Kraft des Bodenkontakts durch ein integriertes lineares Potentiometer zu messen und die Stoßdämpfung zu erhöhen. Für die Messung der Gelenkpositionen wurden in allen Bauformen des SCORPIONs Winkelkodierer eingesetzt, wodurch eine Kalibrierung notwendig wurde. Im Jahr 2003 wurden die Winkelkodierer durch sehr verlässlich arbeitende Hochpräzisionspotentiometer ersetzt.

Der Aufbau der Beine mit drei Freiheitsgraden wurde beibehalten und die Gelenke werden durch Gleichstrommotoren (24 V, 6 W) betrieben. Außerdem ist der SCORPION mit einem Kompass und einem nach vorne gerichteten Ultraschallabstandssensor mit einer Reichweite von 80 cm ausgestattet. Für die Teleoperation des Systems wurde eine bidirektionale Fernverbindung für die Videoübertragung mit einer PAL-CCD-Kamera installiert. Um während eines Versuchs Daten zu erfassen und den Datenaustausch zwischen dem Roboter und einem externen Computer zu ermöglichen, verfügt der SCORPION über eine Kommunikations- und Steuerungsschnittstelle. Somit kann der SCORPION als semiautonomes System eingesetzt werden.

Die maximale Geschwindigkeit des SCORPIONs beträgt eine halbe Körperlänge pro Sekunde (30 cm/s). Er kann Hindernisse überwinden, die so hoch sind wie er selbst, wenn er vollständig ausgestreckt ist. Außerdem kann er Schrägen mit einer Neigung von bis zu 35% erklimmen und gleichzeitig kleine Hindernisse überwinden, wie z. B. 8 cm hohe Rohre.

Der SCORPION IV war Bestandteil von Forschungsprojekten, bei denen mit ihm vor dem Hintergrund möglicher extraterrestrischer Missionen Krater-Erkundungs-Versuche durchgeführt wurden. Eine Kopie des SCORPION IV befand sich im NASA Ames Research Center und wurde dort erprobt und weiterentwickelt. Der heutige Entwicklungsstand des SCORPIONs wird in Kapitel 8 dargelegt.

3. Einsatzgebiete des SCORPIONs

3.1. Extraterrestrische Missionen

Eines der möglichen Haupteinsatzgebiete des SCORPIONs ist die Erkundung von Oberflächen anderer Planeten während extraterrestrischer Missionen, auch wenn bis zu einem tatsächlichen Einsatz noch viele Verbesserungen vorgenommen werden müssten (vgl. DFKI, 2009a). Bevor die Verwendungsmöglichkeiten des SCORPIONs in diesem Einsatzgebiet genauer beschrieben werden, wird zunächst auf die allgemeinen Anforderungen an Weltraumroboter eingegangen.

Eine dieser Anforderungen ist die Manipulationsfähigkeit. Obwohl die Manipulation eine grundlegende Technologie in der Robotik ist, erfordert die Mikrogravitation im Weltraum, dass der Bewegungsdynamik von Manipulatoren und zu untersuchenden Objekten besondere Beachtung geschenkt wird. Von besonderer Wichtigkeit sind hierbei die Reaktionsdynamik des Grundkörpers, die Stoßdynamik bei Berührung des Roboterarms oder -fußes mit dem zu untersuchenden Objekt und die Vibrationsdynamik. Außerdem spielt die Mobilität, also die Möglichkeit zur Fortbewegung, insbesondere bei Erkundungsrobotern (z. B. Rovern), die sich auf der Oberfläche eines fernen Planeten fortbewegen, eine große Rolle. Da diese Oberflächen unberührt und uneben sind, stellen sie eine Herausforderung für die Erkundungsroboter dar. In solch natürlichen und unberührten Umgebungen müssen sich Robotik-Technologien wie Abtastung, Wahrnehmung, Zugmechanismen, Fahrzeugdynamik, Steuerung und Navigation unter Beweis stellen. Weitere Anforderungen sind die Teleoperationsfähigkeit und Autonomie, wobei der menschliche Bediener als Überwacher fungiert (vgl. Deutsche Forschungsgemeinschaft, 2009). Zwischen einem Roboter an seinem Arbeitsort und dem menschlichen Bediener im Bedienraum auf der Erde gibt es eine große Zeitverschiebung. In früheren Robotiksystemen, die für den Einsatz im Weltraum vorgesehen waren, betrug die Latenz typischerweise 5 Sekunden, konnte aber auch ein Vielfaches von zehn Minuten betragen, bei Planeteneinsätzen sogar einige Stunden. Für die Weltraumrobotik ist die Teleoperation von höchster Bedeutung und die Einführung von Autonomie ist eine begründete Konsequenz. Neben den bereits genannten Anforderungen ist es außerdem unabdinglich, dass ein Weltraumroboter mit extremen Umgebungen umgehen kann. Nicht nur die Mikrogravitation, die die Manipulationsdynamik beeinflusst, kann ein Problem darstellen, sondern auch das natürliche und unebene Gelände, das Einfluss auf die Oberflächenmobilität hat. Weitere Probleme sind extrem hohe oder niedrige Temperaturen, hoher Unterdruck oder hoher Druck, korrosive Atmosphären, ionisierende Strahlung und sehr feiner Staub. Diese Probleme sind eine Herausforderung und müssen gelöst werden, um praktische Anwendungssysteme zu entwickeln (vgl. Yoshida, Wilcox, 2008: 1031).

Der SCORPION könnte mit Hilfe von Oberflächensonden die Marsoberfläche erforschen und die Umgebungsbedingungen für spätere bemannte Missionen erkunden (vgl. Rockel, 2004). Gut vorstellbar ist eine Kombination des SCORPIONs mit einem Rover, d.h. der SCORPION würde als Scout auf einem größeren Roboter mitreisen bis er „in kritischem Gelände in Aktion tritt" (Dambeck, 2001). Dort ist es für den SCORPION, der etwa die Größe eines Hundes hat, einfacher, das Gebiet zu erkunden, als für einen Rover, dessen Größe mit einem Kleinwagen vergleichbar ist. Diese haben große Räder und können Felsen überqueren, aber keine kleinen Schritte machen. Der SCORPION kann hingegen mit seinen Beinen über Gegenstände klettern und eine Vielzahl von Oberflächen überqueren (vgl. Bluck, 2005). Der Rover würde in diesem Fall sowohl als Anker als auch als „Planer" dienen. Dazu müssten die Fähigkeiten des SCORPIONs erweitert werden. Er müsste mit dem Rover kommunizieren und zusammenarbeiten und über Felsen, Schutthaufen und verschiedene Strukturen von Objekten laufen können. Außerdem soll der SCORPION Gegenstände greifen und handhaben können (vgl. Colombano et al., 2004).

3.2. SAR-Einsätze

Ein weiteres mögliches Einsatzgebiet des SCORPIONs ist die „Arbeit in gefährlichen, instabilen, rauen und unvorhersehbaren Umgebungen" (Spenneberg, 2005). So eignet er sich beispielsweise für schwierige Outdoor-Einsätze und kann auch noch dort arbeiten, wo radgetriebene Systeme an ihre Grenzen stoßen. Ein zukünftiges Anwendungsfeld für den SCORPION wären also Search-And-Rescue-Einsätze (Such- und Rettungsaktionen), bei denen er gefährliche und schwer zugängliche Gebiete erkunden und dem Menschen somit von großem Nutzen sein würde (vgl. DFKI, 2009a). Auch die NASA könnte sich vorstellen, dass der SCORPION Überlebende eines Erdbebens in engen Bereichen von Schutthaufen findet (vgl. Bluck, 2005). In Katastrophenschutzübungen wurde der SCORPION bereits erfolgreich getestet. Während dieser Übungen kooperierte er mit Rettungsteams (vgl. DFKI, 2009a - Video).

3.3. Erforschung extremophiler Lebensformen

Neben Search-And-Rescue-Einsätzen halten Wissenschaftler auch ein anderes Einsatz- gebiet für den SCORPION für möglich, bei dem er dem Menschen ebenfalls eine große Hilfe wäre. Forscher haben vorgeschlagen, dass der Roboter größtenteils unzugängliche Gruben erkunden könnte, in der es extremophile Lebensformen geben könnte. Extremophile Mikroorganismen sind Lebensformen, die unter extremen Bedingungen leben, wie z. B. bei sehr hohen oder sehr niedrigen Temperaturen oder in einer sehr sauren Umgebung (vgl.

Bluck, 2005). Eine solche Grube existiert beispielsweise in Kalifornien. Dort leben diese Organismen in einer sehr sauren Umgebung, die Menschen nicht betreten dürfen. Der SCORPION könnte diese Grube erkunden und Proben nehmen (vgl. Colombano, 2003).

4. Biologisch inspirierte Roboter

Die Idee, Maschinen zu bauen, die Eigenschaften von Lebewesen nachahmen, gibt es schon lange. Bereits Leonardo da Vinci hat Maschinen gezeichnet, die wie Vögel fliegen können. Allerdings war das technische Wissen erst in der Mitte des 19. Jahrhunderts fortgeschritten genug, um realistische und realisierbare Pläne zu entwickeln. Und erst in den letzten Jahrzehnten des 20. Jahrhunderts wurden die ersten erfolgreichen Versuche mit Lauf- und Kriechrobotern durchgeführt. 1997 tauchte der Ausdruck „biologisch inspirierte Roboter" zum ersten Mal in einem Zeitschriftenartikel auf. Dort unterschieden die Autoren zwischen dem bloßen Nachahmen einiger allgemeiner Merkmale eines Tieres wie Beine oder Flügel und einem überlegteren Ansatz, bei dem spezielle strukturelle oder funktionelle Elemente von bestimmten Tieren in der Software oder in der Hardware imitiert werden. Aufgrund der strukturellen und funktionellen Komplexität von Tieren ist eine vollständige Reproduktion eines Tieres in der Hardware und Software nicht möglich. Unter Forschern wird diskutiert, ob es besser ist, so viele Merkmale wie möglich in den Roboter zu integrieren, selbst wenn der funktionelle Vorteil der einzelnen Merkmale nicht klar ist (biomimetischer Ansatz), oder weniger Merkmale zu übernehmen, da zu viele tierische Merkmale im Roboter sogar die Leistung verschlechtern könnten (vgl. Delcomyn, 2007: 279). Es wurden bereits Lauf- oder Hüpfroboter entwickelt, deren Beinanzahl von einem bis zehn reicht. Neben dem SCORPION nahmen sich die Forscher beispielsweise auch Tiere wie Salamander, Ratten, Hummer, Kakerlaken oder Stabheuschrecken zum Vorbild. Einige Roboter wurden in der körperlichen Struktur den jeweiligen Tieren nachgeahmt, jedoch um ein Vielfaches vergrößert. Durch dieses Nachahmen des Körperbaus, der den Tieren bestimmte Fortbewegungsfähigkeiten verleiht, werden einige dieser Fähigkeiten auch auf den Roboter übertragen (vgl. Delcomyn, 2007: 285).

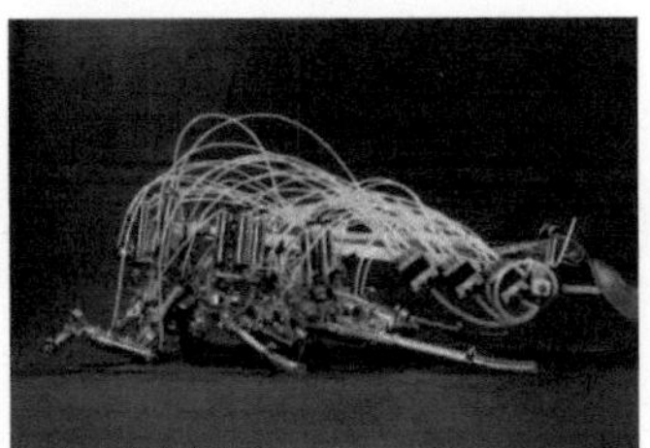

Abbildung 6. Beispiel für biologisch inspirierte Roboter:
der einer Kakerlake nachempfundene Robot III (Delcomyn, 2007)

Die Aktoren eines Roboters sind für die Bewegung der Gliedmaßen verantwortlich und können auch als künstliche Muskeln bezeichnet werden. Das gemeinsame Merkmal aller

Arten von Aktoren ist, dass sie wesentliche Merkmale der Muskeln von Lebewesen aufweisen, wie z. B. die Federung und günstige Kraft-Geschwindigkeitsbeziehungen, und gleichzeitig nicht zu viel Energie verbrauchen.

Biologische Grundsätze finden in folgenden Bereichen der Entwicklung von Laufrobotern Anwendung: Aktoren, Dynamik, sensorische Rückkopplung und Steuerung der Fortbewegung (vgl. Delcomyn, 2007: 292).

5. Biomimetische Steuerungsansätze

Die Dynamik eines Systems wie SCORPION mit kinematischen Standard-Modellen zu beschreiben, was beispielsweise bei Industrie-Roboterarmen gemacht wird, ist sehr schwer. Dennoch wurde dieser Ansatz mit einem gewissen Erfolg bei einigen Laufrobotern angewendet, wobei jedoch ein hoher Berechnungsaufwand im Steuergerät erforderlich war und die Flexibilität der verwendbaren Laufarten stark begrenzt wurde. Die Gleichungen für Drehgelenke, die im SCORPION vorhanden sind, sind nichtlinear, woraus sich sehr komplexe Berechnungen ergeben. Diese Technik ist somit für Online-Berechnungen in autonomen Systemen nicht geeignet (vgl. Spenneberg, 2005).

Biologische Systeme wie Spinnen oder Insekten sind dagegen durchaus in der Lage, dieses komplexe nichtlineare Problem zu lösen. Im Vergleich zu heutigen Computern nutzen sie ein langsam arbeitendes Nervensystem. Es muss also andere Lösungen für das Problem des stabilen Laufens in schwierigem Gelände geben. Ein alternativer Ansatz beschäftigt sich daher mit dem Einsatz eines biomimetisch aufgebauten Steuergerätes, das auf den Prinzipien der von Tieren verwendeten Bewegungssteuerung beruht. Biologen haben verschiedene Modelle entwickelt, indem sie in Versuchen Daten ermittelt und Tiere beobachtet haben. All diese Modelle haben gemein, dass sie auf einer dezentralisierten Steuerung beruhen.

In den Steuerungsmodellen sind zwei Hauptansätze enthalten. Der erste basiert auf so genannten „zentralen Mustergeneratoren" (CPG – „Central Pattern Generator"), wobei die Aktoren durch ein endogenes Muster gesteuert werden, das durch einen zentralen oszillierenden Mechanismus generiert wird. In biologischen Studien wurde festgestellt, dass bei nahezu allen biologischen Arten höhere Nervenzentren (das Gehirn) die gesamte Ausführung der Fortbewegung (Geschwindigkeit, Richtung) steuern. Es wurde außerdem festgestellt, dass die individuellen Bewegungen eines jeden Beines von lokalen Zentren, die mit jedem Bein verbunden sind, gesteuert werden. Die lokalen Neuronen-Netzwerke werden zentrale Mustergeneratoren genannt. Ihre Funktionsweise lässt sich auf Roboter übertragen (vgl. Delcomyn, 2007: 290).

Der zweite Ansatz besteht in einer reflexbasierten Steuerung, d.h. die Lage der Aktoren ist nur durch die Interaktion mit der Umgebung bestimmt. In der Natur sind dies Nervenzellen im Bein, die beispielsweise einen Stolperreflex auslösen können. Ein Reflex kann als geschlossener Regelkreis mit festgelegten Ein- und Ausgabeeigenschaften betrachtet werden. Bei einigen Tieren, wie z. B. der Heuschrecke, soll dieses Konzept für die gesamte Bewegungssteuerung verantwortlich sein. Diese Tiere kommen ohne jede andere Steuerung, wie dem CPG, aus. Das Konzept des sensorischen Reizes ist für Entwickler von Robotern von großem Interesse, da sie auf diese Weise Stabilität in die Fortbewegung des

Systems bringen können. Beide Steuerungsansätze erfordern nur sehr geringe Berechnungsleistungen und sind daher für autonome Laufroboter bestens geeignet.

Eine rein reflexbasierte Steuerung beruht lediglich auf Sensor-Eingangswerten, wohingegen die CPG-basierte Steuerung ein rhythmisches Bewegungsmuster erzeugen kann, ohne dass ein Feedback von den Sensoren erforderlich ist. Bei falschen, unzuverlässigen oder nicht ausreichenden Sensordaten, z. B. bei hohen Geschwindigkeiten, wäre der CPG-Ansatz also verlässlicher. Andererseits könnte ein endogen erzeugtes Bewegungsmuster in einer unstrukturierten und sich schnell verändernden Umgebung mangelhaft sein, d.h. sobald ein Hindernis auftaucht, reichen die Mustergeneratoren nicht aus. Zur Überwindung des Hindernisses müssen die Beine höher gehoben werden als in der Grundprogrammierung vorgesehen (vgl. Klaassen et al., 2001). Daher wurde beim SCORPION ein Steuerungskonzept verwendet, das die besten Eigenschaften der zwei vorgestellten Ansätze kombiniert. Es basiert auf biologischen Studien an echten Skorpionen (vgl. DFKI, 2009a).

Bei diesem Konzept gibt es rhythmische Bewegungsgrundmuster (RMB – „Rhythmic Motion Behavior"), die in verschiedenen Stärken von der zentralen Steuerung aktiviert werden können. Die RMBs steuern die Bewegung des Systems wie ein CPG-basiertes System, wenn die Störungen der Umgebung eher klein sind. Diese Bewegungsgrundmuster beeinflussen gleichzeitig die Amplitude und die Frequenz der thoraxialen, basalen und distalen Oszillatoren (OS^T, OS^B, OS^D). Die Oszillatoren sind mit einem gemeinsamen Taktgeber verbunden, der für lokale und globale (im Verhältnis zu den anderen Beinen) Synchronisationszwecke verwendet wird. Die Ausgangsgröße der Oszillatoren ist ein rhythmisches Signal, das mit Sinuskurven beschrieben werden kann. Es zeigt die Bewegungsbahn des jeweiligen Gelenks im Gelenkwinkelraum und stellt somit die gewünschte Bewegung dar, die über eine Aktorenschnittstelle in pulsdauermodulierte (PDM-)Signale umgewandelt wird, um die Motoren anzutreiben. Parallel zur Eingabe von rhythmischen Bewegungsgrundmustern in die Aktorenschnittstelle gibt es eine Reihe von störungsspezifischen Reflexen, die als Überwachungseinheiten fungieren. Im Falle von größeren Störungen, wie z. B. Stolpern, werden diese Reflexe ausgelöst und es findet eine Überlagerung der Oszillatorsignale mit vordefinierten eigenen Bewegungssignalen statt, um das System zu stabilisieren (vgl. Spenneberg, 2005).

Dank der RMBs kann sich der SCORPION vorwärts, rückwärts und seitwärts bewegen und sich mit verschiedenen Radien drehen. Wenn mehrere RMBs gleichzeitig aktiviert werden, können ihre Effekte durch einen Überlagerungsprozess kombiniert werden. Werden also beispielsweise die RMBs für das Vorwärtslaufen und für das Seitwärtslaufen links mit derselben Stärke aktiviert, ergibt sich eine diagonale Vorwärtsbewegung nach links. Der Überlagerungsprozess stellt sicher, dass der Übergang von einer Bewegung in die andere sanft und schnell verläuft und somit die Stabilität des Systems bewahrt. Vorteilhaft hierbei ist z. B., dass der SCORPION für eine Richtungsänderung nicht erst angehalten werden muss.

Neben den RMBs bietet der Aufbau der zentralen Steuerungsebene die Möglichkeit, mit Hilfe von Verhaltensmustern für die Haltung (PMB – „Posture Motion Behavior") die Steuerung der Haltung eines jeden Beines durchzuführen. So werden diese PMBs zum Beispiel von den Verhaltensmustern für die Höhen- und Neigungssteuerung verwendet, um das System während des Laufens stabil zu halten. Der Überlagerungsprozess kombiniert wiederum den Einfluss der PMBs mit dem Einfluss der RMBs auf die Aktoren. Die Höhe des Hauptkörpers kann also während des Laufens geändert werden, indem einfach alle Beine ausgestreckt werden. Diese verschiedenen Mechanismen ermöglichen dem SCORPION, bei ziemlich konstanter Geschwindigkeit durch unebenes Gelände zu laufen. Mit ein und demselben Softwareaufbau kann der SCORPION somit über viele verschiedene Untergründe laufen, wie z. B. Felsen, Sand, Schlamm, Gras, Beton und Asphalt (vgl. Spenneberg et al., 2004).

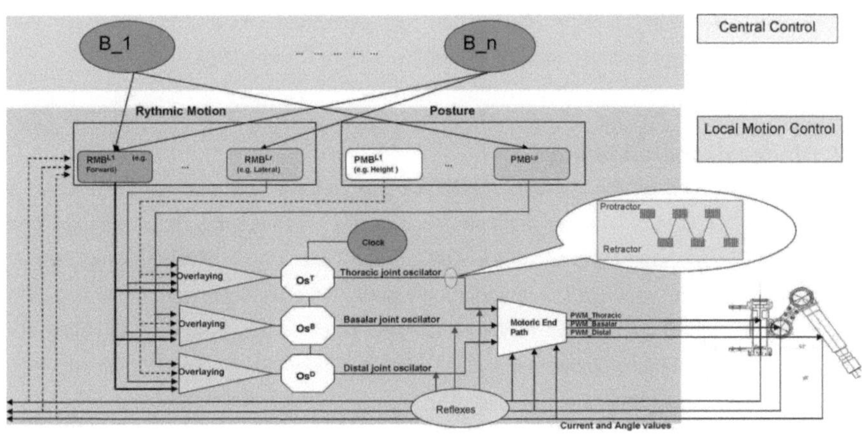

Abbildung 7. Schema des Steuerungsansatzes (Spenneberg et al., 2004)

6. Funktionen des SCORPIONs

Dank des verwendeten biomimetischen Steuerungskonzepts weist der SCORPION eine hohe Mobilität auf und kann sich robust und flexibel in unwegsamem Gelände fortbewegen. Es ist die Vielseitigkeit seiner Funktionen, die ihm eine spezifische Anpassung an das jeweilige Terrain ermöglicht.

6.1. Problemloses Laufen auf verschiedenen Untergründen

Auf festem Untergrund wie z. B. Asphalt oder Gehweg ist die höchste Beschleunigung möglich. Auch auf Gras und Wiese kann eine schnelle und präzise Bewegung stattfinden. Wird das Gelände schwieriger, wie z. B. bei tiefem und feinkörnigem Sand, bleibt die Fortbewegung stabil, die Geschwindigkeit nimmt jedoch etwas ab. Bei abruptem Geländewechsel kann sich der SCORPION schnell an das neue Gelände anpassen. Sogar hohe Sanddünen können leicht bewältigt werden. Außerdem kann sich der SCORPION durch raues Gelände mit steilen Abhängen und hoch aufragenden Felswänden bewegen und dort die Umgebung untersuchen (vgl. DFKI, 2009a - Video; Rockel, 2004).

6.2. Hindernisüberwindung

Zur Bewältigung von größeren Hindernissen werden Reflexe und eine Neigungskontrolle benutzt. Der SCORPION kann einzelne senkrecht stehende Hindernisse bis zu einer Höhe von 30 cm überwinden. Nichtsinguläre Hindernisse, wie z. B. Schutthaufen, können überwunden werden, wenn die Höhenänderung innerhalb dieses Schutthaufens nicht 30 cm übersteigt. Aber es ist dem SCORPION auch möglich, kleine Hindernisse von einer Höhe bis zu 10 cm zu überwinden, selbst wenn diese sich auf einer steilen Ebene befinden (vgl. Spenneberg, Kirchner, 2007: 214 f).

6.3. Die Redundanz des Systems

Bei Ausfall von einem oder zwei Beinen ist das System auf ebenem Grund weiterhin mobil. Auch beim Tragen von Nutzlast, die mit Hilfe eines Beines auf dem Rücken des SCORPIONs fixiert werden kann, bleibt das System stabil. Die Überwindung von Hindernissen während des Tragens ist möglich.

6.4. Alternative Fortbewegungsmöglichkeiten

Neben dem meist verwendeten Laufmuster in Vorwärtsrichtung kann der SCORPION in Anlehnung an das Verhalten von Krebstieren seitliche Laufbewegungen ausführen. Des

Weiteren kann er sich an einem Balken entlang hangeln, wobei er den Balken mit den Beinen umgreift und dann langsam bis zum anderen Ende klettert, wo er sich schließlich wieder vom Balken löst.

7. Schwächen des SCORPIONs

Die NASA kritisierte am SCORPION, dass er nicht darüber nachdenken kann, was er tut, und keine höheren Planungsfähigkeiten hat. Dies könnte laut NASA entweder in einem anderen Computer untergebracht oder an Bord programmiert und in einem weiteren Entwicklungsschritt realisiert werden. Des Weiteren beanstandete die NASA, dass der SCORPION zwar den Anschein hat, komplett zu sein, dass jedoch noch sichergestellt werden müsse, ob er mit den schwierigen Bedingungen auf dem Mars, wie z. B. mit Staub oder den dort herrschenden Temperaturen, zurecht kommt. Außerdem müsse der SCORPION noch weiterentwickelt werden, damit er genug Leistung für die Durchführung komplexer extraterrestrischer Missionen liefern kann. Er müsse also entweder an einen größeren Roboter angeschlossen werden, der ihn mit Strom versorgt, oder wieder aufgeladen werden. Die NASA wollte den Roboter zudem klüger machen und es wäre ihrer Meinung nach gut, wenn die Lernfähigkeit in das System integriert werden könnte (vgl. Bluck, 2005).

8. Der SCORPION heute

Der SCORPION wird bei der NASA heute nicht weiter entwickelt, da er aufgrund seines Aufbaus nicht space-qualifizierbar ist, d.h. er hat zum Beispiel außen liegende Kabel, die der Strahlung und den Temperaturen nicht standhalten würden. Allerdings verfolgt die NASA weiter Ansätze für Roboter zur Kratererkundung. Auch die Erkenntnisse aus den Studien zum SCORPION finden dabei Berücksichtigung. Beispiele für diese Roboter sind der LEMUR Lauf- und Kletterroboter sowie der ATHLETE-Rover, der sechs an Beinen hängende Reifen hat (vgl. NASA, 2009a und 2009b).

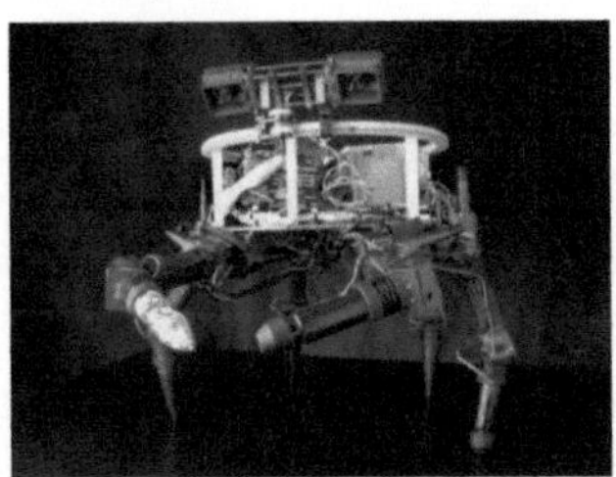

Abbildung 8. LEMUR Lauf- und Kletterroboter (NASA, 2009a)

Beim Deutschen Forschungszentrum für Künstliche Intelligenz in Bremen wird der SCORPION in Form des Lunares-Projektes weiterentwickelt. Hier werden verschiedene Sensoren installiert, um die Interaktion zwischen einem Landefahrzeug, einem Rover und dem SCORPION als Scout zu testen (vgl. DFKI, 2009c).

In naher Zukunft wird der SCORPION aber auch beim DFKI ausrangiert, da der Nachfolger SpaceClimber fertig ist und dieser space-qualifiziert werden soll. Dies ist im Gegensatz zum SCORPION beim SpaceClimber möglich, da er zum Beispiel nur innen liegende Kabel und bürstenlose Motoren verwendet. Die Entwicklung des SpaceClimbers beruht unter anderem auf Erfahrungen, die mit dem SCORPION gemacht worden sind. Der SpaceClimber basiert jedoch auf einer neuen, sehr viel leistungsstärkeren Hardware: Das Eigengewicht eines Gelenks mit integrierter Elektronik beträgt nur 500g bei konstantem Drehmoment von 28 Newtonmetern, bei Abmessungen von nur 64 mm Durchmesser und 110 mm Länge. Der Energieverbrauch des gesamten Systems (mit 6 Beinen) beläuft sich auf nur 50 Watt.

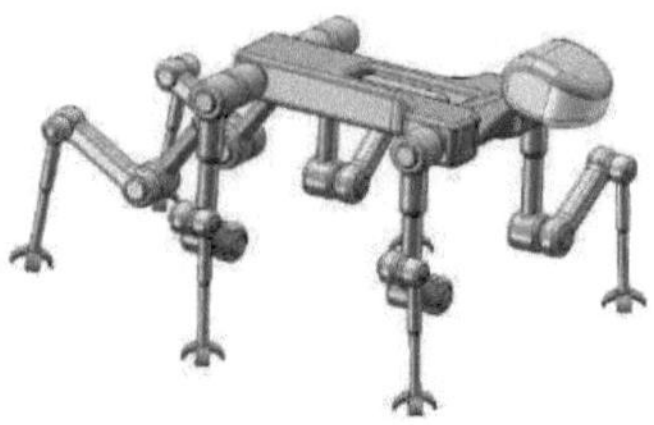

Abbildung 9. SpaceClimber - freikletternder Roboter für extraterrestrische Krater (DFKI, 2009c)

Einsatzgebiete des SpaceClimbers sind wissenschaftlich reizvolle Orte auf Mond und Mars. Dort sind neben Geröllfeldern vor allem Krater- und Canyonwände von besonderem wissenschaftlichem Interesse. Mit dem SpaceClimber soll gezeigt werden, dass Laufroboter für zukünftige extraterrestrische Missionen in schwierigem Gelände eine Erfolg versprechende Lösung sind. Der SpaceClimber soll Steigungen von bis zu 80% sicher beherrschen und mit Hilfe der integrierten Sensorik vor Ort autonom navigieren können. Damit der SpaceClimber auch in steilem Gelände seine Stabilität bewahrt, wurden neuartige Fußkonzepte entwickelt. Bei der Entwicklung des SpaceClimbers waren folgende Punkte von besonderer Wichtigkeit: Robustheit, Energieeffizienz, Ausfallsicherheit und Autonomie des Roboters (vgl. DFKI, 2009b).

9. Fazit

Während der knapp vierjährigen Entwicklungsphase des SCORPIONs entstand ein sehr robuster und vielseitig einsetzbarer Laufroboter. Auch wenn er trotz der großen Fortschritte nicht für alle geplanten Einsatzgebiete, wie z. B. als Erkundungsroboter auf fremden Planeten, geeignet ist, so wurden doch viele Erkenntnisse gewonnen, die in weitere Projekte einfließen können. Somit trägt die Entwicklung des SCORPIONs zur Optimierung von Weltraumrobotern und auch anderen biologisch inspirierten Robotern bei.

Die Kombination eines auf zentralen Mustergeneratoren basierenden Ansatzes und einer reflexbasierten Steuerung wurde im SCORPION erfolgreich umgesetzt und ermöglicht ihm, sich in sehr unterschiedlichen Umgebungen sicher zu bewegen. Dies zeigt, dass der biomimetische Steuerungsansatz ein Erfolg versprechendes Konzept ist.

Wenn die noch vorhandenen Schwächen des SCORPIONs in seinem Nachfolger, dem SpaceClimber überwunden werden, so kann erwartet werden, dass dieser neue Lauf- und Kletterroboter erfolgreich bei extraterrestrischen Missionen eingesetzt werden kann.

Literatur

BLUCK, John (2005):
NASA evaluates eight-legged Scorpion robot for future exploration.
<http://www.nasa.gov/centers/ames/research/exploringtheuniverse/scorpion_robot.html> (Zugriff: 19.12.2009)

COLOMBANO, Silvano (2003):
Scorpion Robot – audio files.
<http://www.nasa.gov/centers/ames/multimedia/audio/scorpion/scorp.html> (Zugriff: 19.12.2009)

COLOMBANO, Silvano; KIRCHNER, Frank; SPENNEBERG, Dirk; HANRATTY, James (2004):
Exploration of Planetary Terrains with a Legged Robot as a Scout Adjunct to a Rover.
<http://ti.arc.nasa.gov/m/pub/836h/0836%20(Colombano).pdf> (Zugriff: 05.12.2009)

DAMBECK, Thorsten (2001):
Autonome Roboter – Wissen, wo's lang geht.
<http://www.spiegel.de/wissenschaft/mensch/0,1518,166446,00.html> (Zugriff: 19.12.2009)

DELCOMYN, Fred (2007):
Biologically Inspired Robots. In: HABIB, Maki K. (Hrsg.): *Bioinspiration and Robotics: Walking and Climbing Robots.* Wien: Itech Education and Publishing

DEUTSCHE FORSCHUNGSGEMEINSCHAFT (DFG) (2009):
Wirklichkeitsnahe Telepräsenz und Teleaktion.
<http://www.lrz-muenchen.de/~t8241ad/webserver/webdata/begriffsdef.html> (Zugriff: 19.12.2009)

DEUTSCHES FORSCHUNGSZENTRUM FÜR KÜNSTLICHE INTELLIGENZ (DFKI) (2009a):
SCORPION – Ein Biomimetischer Laufroboter.
<http://robotik.dfki-bremen.de/de/forschung/robotersysteme/scorpion.html> (Zugriff: 19.12.2009)

DEUTSCHES FORSCHUNGSZENTRUM FÜR KÜNSTLICHE INTELLIGENZ (DFKI) (2009b):
SpaceClimber – Ein semi-autonomer freikletternder Roboter zur Untersuchung von Kraterwänden und –böden.
<http://robotik.dfki-bremen.de/de/forschung/projekte/weltraumrobotik/spaceclimber.html> (Zugriff: 19.12.2009)

DEUTSCHES FORSCHUNGSZENTRUM FÜR KÜNSTLICHE INTELLIGENZ (DFKI) (2009c):
Lunares – Rekonfigurierbare Robotersysteme für lunare Missionen.
<http://robotik.dfki-bremen.de/de/forschung/projekte/weltraumrobotik/lunares.html> (Zugriff: 19.12.2009)

DEUTSCHES FORSCHUNGSZENTRUM FÜR KÜNSTLICHE INTELLIGENZ (DFKI) (2009d):
SpaceClimber – Ein freikletternder Roboter für extraterrestrische Krater. Projektblatt.

KLAASSEN, Bernhard; LINNEMANN, Ralf; SPENNEBERG, Dirk; KIRCHNER, Frank (2001):
Biomimetic Walking Robot Scorpion: Control and Modeling.
<http://citeseerx.ist.psu.edu/viewdoc/summary?doi=10.1.1.23.5247> (Zugriff: 19.12.2009)

LINNEMANN, Ralf; KLAASSEN, Bernhard; KIRCHNER, Frank (2001):
Walking Robot Scorpion - Experiences with a Full Parametric Model.
<http://citeseerx.ist.psu.edu/viewdoc/summary?doi=10.1.1.23.52> (Zugriff: 19.12.2009)

MEYER, Jean-Arcady; GUILLOT, Agnès (2008):
Biologically Inspired Robots. In: SICILIANO, Bruno; KHATIB, Oussama (Hrsg.): *Springer Handbook of Robotics.* Berlin: Springer

NASA (2009a):
The LEMUR Robots.

<http://www-robotics.jpl.nasa.gov/systems/system.cfm?System=5> (Zugriff: 19.12.2009)

NASA (2009b):
The ATHLETE Rover.
<http://www-robotics.jpl.nasa.gov/systems/system.cfm?System=11> (Zugriff: 19.12.2009)

PICHLER, Eva: (2009):
Der Da Vinci Code. In: TIS Innovation Park – Technology Day 2009. *Bionik – Lernen von der Natur, Produkte entwickeln wie die Natur.* S. 4-5
<http://www.tis.bz.it/doc/pdf/20090709_td_tisupdate_de> (Zugriff: 20.12.2009)

ROCKEL, Angelika (2004):
"Scorpion" – der Bremer Gelände-Roboter für den Mars.
<http://www.innovations-report.de/html/berichte/messenachrichten/bericht-29077.html> (Zugriff: 19.12.2009)

SCHÜTTE, Christian (2005):
Kaum was im Kopf, aber gut zu Fuß.
<http://www.berlinonline.de/berliner-zeitung/archiv/.bin/dump.fcgi/2005/0427/wissenschaft/0004/index.html> (Zugriff: 19.12.2009)

SPENNEBERG, Dirk (2005):
Der „SCORPION".
<http://www.roboter-info.de/scorpion_d.html> (Zugriff: 19.12.2009)

SPENNEBERG, Dirk; KIRCHNER, Frank (2007):
The Bio-Inspired SCORPION Robot: Design, Control & Lessons Learned. In: ZHANG, Houxiang (Hrsg.): *Climbing & Walking Robots, Towards New Applications.* Wien: Itech Education and Publishing

SPENNEBERG, Dirk; MCCULLOUGH, Kevin; KIRCHNER, Frank (2004):
Stability of Walking in a Multilegged Robot Suffering Leg Loss. In: Proceedings of the 2004 IEEE International Conference on Robotics and Automation (ICRA). Vol. 3: S. 2159-2164.
<http://citeseerx.ist.psu.edu/viewdoc/summary?doi=10.1.1.59.1018> (Zugriff: 19.12.2009)

SWR (2008):
Mondlandung ohne Hindernisse.
<http://www.swr.de/naturwunder/-/id=1223312/nid=1223312/did=4278062/1o0u4ty/index.html> (Zugriff: 19.12.2009)

YOSHIDA, Kazuya; WILCOX, Brian (2008):
Space Robots and Systems. In: SICILIANO, Bruno; KHATIB, Oussama (Hrsg.): *Springer Handbook of Robotics.* Berlin: Springer

BEI GRIN MACHT SICH IHR WISSEN BEZAHLT

- Wir veröffentlichen Ihre Hausarbeit, Bachelor- und Masterarbeit

- Ihr eigenes eBook und Buch - weltweit in allen wichtigen Shops

- Verdienen Sie an jedem Verkauf

Jetzt bei www.GRIN.com hochladen und kostenlos publizieren